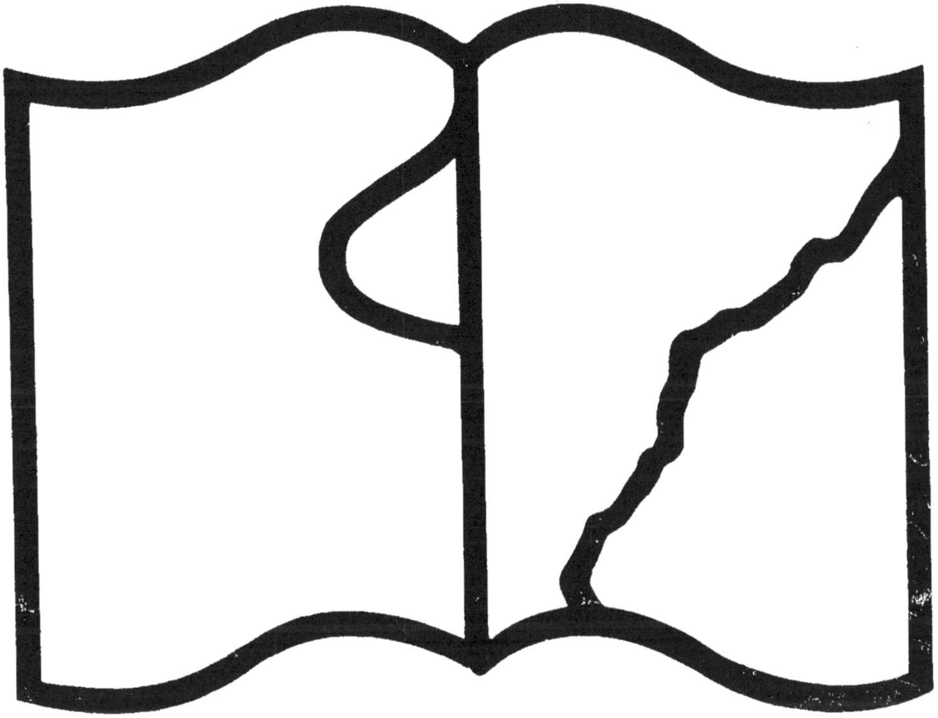

Texte détérioré — reliure défectueuse

NF Z 43-120-11

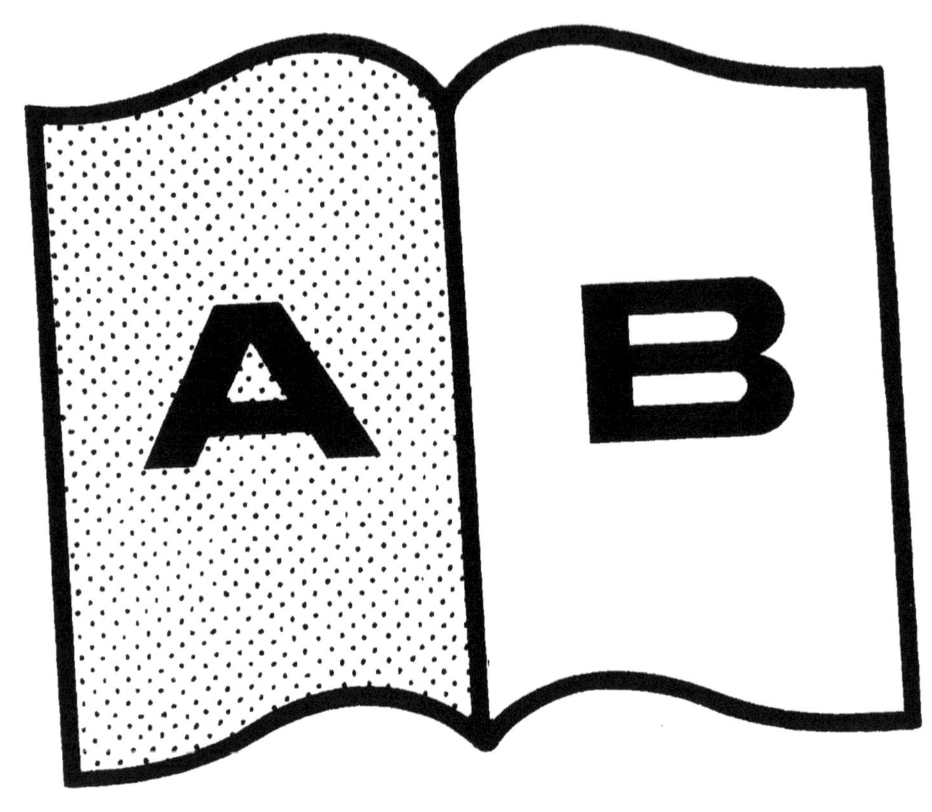

Contraste insuffisant

NF Z 43-120-14

LES PROGRÈS

DE

L'AVIATION

DEPUIS 1891

PAR LE VOL PLANÉ

Par F. FERBER

CAPITAINE D'ARTILLERIE

AVEC 44 FIGURES DANS LE TEXTE

BERGER-LEVRAULT & Cie, ÉDITEURS

PARIS | NANCY

5, RUE DES BEAUX-ARTS | RUE DES GLACIS, 18

1905

Deuxième Édition

Extrait de la *Revue d'Artillerie* — Mars 1904

LES

PROGRÈS DE L'AVIATION

DEPUIS 1891

PAR LE VOL PLANÉ

« Concevoir une machine volante
n'est rien ;
« La construire est peu ;
« L'essayer est tout. »
(LILIENTHAL.)

Sans que le grand public s'en soit déjà rendu compte, il est certain qu'il y a aujourd'hui quelque chose de changé en fait d'aviation. Tout d'abord les aviateurs, autrefois traités de rêveurs et d'utopistes, ne sont plus menacés de finir leurs jours dans le repos salutaire des hospices spéciaux. Ils doivent ce résultat à l'éclosion de cet admirable moteur à pétrole, si puissant par rapport à son poids, si ramassé par la suppression de la chaudière, si pratique par son approvisionnement (¹), si peu dangereux par l'absence de foyer. C'est lui qui fait peu à peu entrer dans les idées l'espérance d'une solution prochaine et disparaître le mot « utopie ».

Non seulement il est possible aujourd'hui de travailler dans un milieu presque sympathique — et cette influence

____

(1) Il consomme dix parties d'air pour une d'essence !

morale est énorme — mais en outre, depuis 1891, époque à laquelle l'Allemand Lilienthal a parcouru dans l'air ses quinze premiers mètres, les aviateurs sont en possession d'une méthode de travail.

EXPÉRIENCES DE LILIENTHAL

En 1891, en effet, cet ingénieur, après vingt années de calculs et d'expériences minutieuses (¹), après avoir observé patiemment les oiseaux qui volent sans donner un coup d'ailes, arrive à la conviction que l'air porte beaucoup plus qu'on ne croit et il se décide à faire un essai, non pas avec un modèle réduit, mais avec des ailes assez grandes pour le porter lui-même.

Cette décision a été un des facteurs importants de sa réussite, car, les lois de la similitude mécanique n'étant généralement pas observées, les modèles vont toujours très bien, les appareils définitifs, jamais.

L'originalité de Lilienthal a été ensuite de supprimer toute espèce de moteur comme inutile au début, et de chercher à imiter d'abord les oiseaux planeurs qui, ne battant pas des ailes, n'utilisent d'autre force que le vent et la pesanteur (²). De là une complication de moins et une facilité de plus, l'appareil devenant portatif par la diminution du poids total.

---

(1) Exposés avant toute espèce d'essais en 1889 dans : *Der Vogelflug als Grundlage der Fliegekunst*, par O. Lilienthal. Berlin, Gaertner, Schönebergerstrasse, 26.

(2) Le fait, nié par les mathématiciens qui conduisent les calculs dans l'hypothèse d'un vent uniforme, a été très controversé : il a été mis en lumière par l'observateur très avisé qu'était Mouillard (*L'Empire de l'air*, Paris, Masson, 1881, p. 25, 42, 220 et 236); il est affirmé par M. Marey dans le *Vol des oiseaux* (Paris, Masson, 1889, p. 12, 286, 293 et 309) et confirmé par les récentes expériences. Si nos yeux pouvaient voir le vent, ils ne verraient rien d'uniforme, mais plutôt des vagues floconneuses comme une fumée. [Voir à ce sujet dans les *Mémoires et compte rendu de la Société des Ingénieurs civils*, octobre 1902, l'article intitulé : *Navigation aérienne*, par M. Soreau (Rôle du vent, p. 512).]

Enfin, il utilisait, pour amortir les chutes, une colline sablonneuse dont les pentes, exposées aux vents régnants, favorisaient son essor en rendant ceux-ci ascendants.

C'est là le grand point de la méthode, car dans le vol le difficile n'était pas d'atterrir, comme chacun le croyait, mais bien de partir, l'aéroplane ne pouvant pas flotter sans être animé instantanément d'une grande vitesse. La pente de la colline permettait à Lilienthal de prendre

Fig. 1. — Lilienthal en 1893. (D'après la *Revue de l'aéronautique*.)

une certaine vitesse propre en courant avec l'appareil sur son dos. En marchant contre le vent, il obtenait par rapport aux molécules d'air une vitesse relative qui était la somme de celle de sa course et de celle du vent.

Dès que cette vitesse relative était suffisante, Lilienthal était soulevé et parcourait dans l'air une distance qui, de 15 m au début, dépassa 100 m au courant des années suivantes (1).

Si pendant le trajet le vent fraîchissait, l'aviateur était enlevé, quelquefois plus haut que son point de départ, et il en profitait pour augmenter son parcours. L'atterrissage s'obtenait avec la plus grande facilité en relevant les ailes pour annuler la vitesse horizontale, comme le font les oiseaux (fig. 2).

Fig. 2. — Lilienthal en 1895. L'atterrissage. (D'après la *Revue de l'aéronautique*.)

C'était là un véritable vol plané et il est fâcheux que les journaux français, dans leurs premiers comptes rendus, aient parlé de *parachute* et que les plus bienveillants même aient employé le mot de *parachute dirigeable*, car ce mot, souvent entendu, n'a pas éveillé dans le public la curiosité que ces expériences auraient dû susciter. Il est hors de doute que si ces comptes rendus avaient parlé de vol ou même plus modestement de *soa-*

---

(1) Entre 1891 et 1896, Lilienthal a fait plus de 2 000 vols.

ring flight — vol naissant, comme les Anglais, ou de *gliding experiments* — glissement dans l'air, comme les Américains, l'auteur de ce travail n'aurait pas été, en 1898, le seul élève de Lilienthal en France et nous serions certainement un peu moins en retard.

Il est vrai de dire que le vol de Lilienthal n'est en définitive qu'un vol descendant; mais, si l'on traite son appareil de *parachute dirigeable,* il faut de toute logique

Fig. 3. — Lilienthal en 1895. (D'après la *Revue de l'aéronautique.*)

appeler aussi parachute dirigeable le pigeon qui du toit vient se poser dans la rue.

En fait, Lilienthal suivait le processus de l'histoire naturelle [1] : il ne se proposait pas tout de suite comme modèles le vol le plus difficile, l'oiseau le plus habile,

---

[1] D'après la théorie de l'évolution, on trouverait à l'origine de tout animal volant un ancêtre dont le vol rudimentaire ne pouvait être qu'un saut ou une glissade.

mais le vol plané descendant qui est le plus simple et les espèces qui sont en train d'apprendre à voler, comme le poisson volant ou la sauterelle.

Quoi qu'il en soit, le résultat est le suivant : Une surface courbe (¹) de 20 m² (²) porte facilement 100 kg de poids total si elle attaque les filets fluides sous un angle de 7° à 10°, avec une vitesse relative de 10 m par seconde. Ces chiffres suffisent pour faire, par une règle de trois, un projet de machine volante et ils remplacent avantageusement la constante de la résistance de l'air, dont la valeur empirique (0,13) [³] est à peine suffisante pour satisfaire les inventeurs et dont la valeur expérimentale (⁴) (0,085) est si petite qu'elle est prohibitive. Heureusement que les oiseaux volent (⁵) et même que plus ils sont lourds, moins ils ont de surface (⁶) : cela donne quelque raison aux aviateurs de persévérer.

Le second résultat des expériences de Lilienthal a été de mettre en lumière l'importance prépondérante de l'équilibre des aéroplanes, problème beaucoup plus grave que celui du moteur, contrairement à l'opinion courante.

L'aéroplane sans moteur est en effet soumis à deux forces : la pesanteur appliquée au centre de gravité et la résistance de l'air appliquée au centre de pression ; ces deux forces doivent se faire équilibre et l'aviateur se trouve dans une situation analogue à celle du bicycliste

---

(1) Ayant 1/25 de flèche, avec le sommet de la courbe placé environ au tiers de la longueur à partir de l'avant.

(2) Cette surface doit être répartie surtout en envergure. Il semble en effet que seuls les premiers éléments de surface aient de l'action ; ceux qui sont en arrière ne font que frotter. [Voir à ce sujet l'article de M. Soreau, *Navigation aérienne (aérodynamique)*, p. 565 et 571.]

(3) Marey, *Le Vol des oiseaux*, p. 216.

(4) Chiffres analogues de Maxim, Langley, Renard, Canovetti.

(5) Voir, pour la partie mathématique, l'article du capitaine Girardville dans la *Revue d'Artillerie,* mars 1899, t. **53**, p. 531.

(6) Marey, *Le Vol des oiseaux*, p. 80. — Mouillard, *L'Empire de l'air,* p. 69 et 208.

En d'autres termes, le kilogramme de moineau a besoin, pour se soutenir en l'air, de plus de surface d'ailes que le kilogramme de vautour ou d'aigle.

ou plutôt du monocycliste. L'oiseau planeur nous présente ainsi le spectacle d'un splendide acrobate constamment occupé à rétablir un équilibre constamment rompu.

En fait, en air calme, l'équilibre longitudinal est à peu près semi-automatique, parce que le centre de pression, au lieu d'être fixe, se porte vers l'avant à mesure que la vitesse augmente (loi d'Avogadro). Si donc une cause quelconque fait augmenter la vitesse, la pression de l'air se porte en avant de la pesanteur, la surface alaire se redresse, par conséquent s'oppose au mouvement et *vice versa*. Il reste à parer aux variations brusques de vitesse, provoquées, par exemple, par une saute de vent. Lilienthal déplaçait dans ce but le centre de gravité en portant plus ou moins ses jambes en avant.

Quant à l'équilibre latéral, il est clair qu'en plaçant les ailes en V (fig. 4), comme le font certains pigeons par

Fig. 4.   Fig. 5.

exemple, on a une forme stable en air calme ; mais, si le vent se met à souffler, même très peu, par le travers, l'aile de ce côté reçoit toute la surpression, l'aéroplane prend une bande inquiétante, tourne sous le vent ou chavire (1).

Pour y remédier, Lilienthal avait placé une quille verticale qui le maintenait toujours dans le vent ; mais il ne pouvait plus alors naviguer que dans cette direction. Quand cette quille était insuffisante, Lilienthal portait encore ses jambes du côté de l'aile la plus haute pour

---

(1) Les oiseaux qui planent par gros temps, comme les mouettes et les goélands, se tiennent au contraire en accent circonflexe (fig. 5), parce que, si le grain vient par le travers, l'aile de ce côté est prise *par-dessus*, et l'aéroplane tourne naturellement et rentre le nez dans le vent.

rétablir l'équilibre. Il était devenu très habile à ce mouvement qui n'est pas dans nos réflexes naturels ; mais cela ne l'a malheureusement pas empêché, en août 1896, d'être chaviré et de trouver la mort dans cette chute de 10 m.

Il faut dire que, depuis quatre ans qu'il volait, il avait, dans environ deux milliers de parcours, pris une telle assurance, qu'il n'hésitait pas à sortir par des temps de bourrasques et à se laisser enlever à des hauteurs de plus en plus grandes. Sa mort a été une perte immense pour la science, car il allait bientôt franchir le second stade du moteur, et la crainte d'un pareil sort a éloigné de cette étude tout son entourage. Il a cependant, plus heureux que notre Le Bris [1], fait des élèves, grâce à la photographie qui a transmis son idée géniale, en montrant la réalité et la possibilité de son exécution.

LES ÉLÈVES DE LILIENTHAL

Pilcher.

L'Anglais Pilcher fut le premier séduit. Ses ailes ressemblaient beaucoup à celles du maître, mais son mode de départ fut tout différent. Il attelait des chevaux à une corde dont il tenait le bout, les lançait au galop et partait comme un cerf-volant. Quand il se trouvait assez haut, il portait peu à peu son corps en avant, lâchait la corde, et le cerf-volant devenu aéroplane parcourait dans l'air une trajectoire analogue à celle d'un corbeau qui va se poser

---

(1) Le Bris, un marin qui avait beaucoup observé l'albatros dans ses voyages, avait eu en 1857 la même idée que Lilienthal : il faisait ses essais avec des ailes assez grandes pour le porter et partait en cerf-volant comme Pilcher. Il opérait aux environs de Brest en 1867, mais avec peu de succès et quelques accidents. Sans argent, considéré comme un visionnaire par beaucoup, comme un héros par d'autres, il ne put malheureusement répéter assez souvent ses expériences.

Fig. 6. — Pilcher.

Fig. 7. — Pilcher.

dans un champ. Pilcher fut victime de sa grande complaisance car, le 30 septembre 1899, voulant être agréable à plusieurs personnes qui étaient venues de fort loin pour le voir, il fit deux essais par un temps de bourrasques pluvieuses. Au second, les spectateurs entendirent un craquement, la queue parut se briser et Pilcher, déséquilibré, fut précipité sur le sol. Il mourut le surlendemain sans reprendre connaissance [1].

Chanute.

M. Chanute est un ingénieur de Chicago qui s'est d'abord occupé d'aviation théorique et qui a publié un livre très documenté sur les essais entrepris depuis trois cents ans par tous les précurseurs [2]. Frappé par l'excellence de la méthode de Lilienthal, il résolut, en 1896, de l'expérimenter aussi. Il établit son camp à 30 milles de Chicago, dans un désert de sables et de dunes sur les bords du lac Michigan, et trois semaines ne s'étaient pas écoulées qu'il avait plus appris, disait-il, qu'en vingt ans de calculs et de construction de modèles.

Pour passer du connu à l'inconnu, M. Chanute essaya d'abord, puis fit ensuite essayer le type Lilienthal par ses assistants, MM. Herring et Avery, car ayant passé la soixantaine, ces exercices n'étaient plus de son âge. Le type expérimenté ayant été trouvé définitivement trop instable, M. Chanute revint à son idée fondamentale qui était de rendre l'équilibre automatique.

Il employa d'abord plusieurs surfaces superposées. Si, en effet, une inclinaison fâcheuse négative ou positive se produit, les surfaces supérieures, mordant ou s'effaçant par rapport aux surfaces inférieures, reçoivent plus ou

---

[1] Voir *Nature*, August 12-1897, et *Aeronautical Journal of Great Britain*, octobre 1899 et avril 1900.

[2] *Progress in flying machines*, New-York, Forney, 39, Cortlandt St, 1894.

moins d'air et par conséquent provoquent une inclinaison en sens inverse qui rétablit l'équilibre.

Le premier appareil possédait cinq paires d'ailes parallèles superposées, dont les plus élevées étaient susceptibles d'un léger mouvement de recul qui aidait à leur effacement au moment où, le vent fraîchissant, il devenait nécessaire de diminuer l'angle d'attaque ([1]). Ainsi qu'il arrive en toutes choses, cette conception un

Fig. 8. — Chanute. — Ailes multiples.

peu compliquée se simplifia peu à peu et le dernier modèle essayé n'était plus qu'à deux surfaces parallèles. Il ressemblait alors beaucoup à un cerf-volant Hargrave ([2])

([1]) M. Chanute a également construit un appareil dans lequel les ailes articulées au pivot d'épaule sont libres de se porter légèrement en avant ou en arrière, de sorte que, si une inclinaison vers l'avant se produit, la pesanteur porte les ailes en avant et *vice versa* : l'équilibre est automatique.

([2]) L. Hargrave, de Sydney (Australie), auteur du cerf-volant cellulaire et de plus de vingt modèles d'aéroplanes tous équilibrés et réussis.

marchant par le grand côté (fig. 9). Une queue élastique analogue à celle inventée par Pénaud (¹) favorisait l'équilibre en augmentant le moment d'inertie et en maintenant le système dans le vent (fig. 10 et 11).

Plusieurs centaines de glissades furent opérées avec ces appareils en 1896 et 1897 sans aucun accident, l'équilibre étant assez automatique pour ne pas exiger plus de

Fig. 9. — Herring et Avery. — *Gliding experiments.*

60 mm de déplacement du corps. Le plus long parcours fut de 109 m avec un angle de chute de 10° (fig. 12 et 13).

Ces belles expériences n'eurent aucun écho en France, bien que M. Chanute eût envoyé sa brochure (²) à plu-

---

(1) Pénaud, auteur, en 1871, du premier modèle d'aéroplane à caoutchouc ayant marché. Mort malheureusement trop tôt à trente ans, en 1880.

(2) *Gliding experiments*, par O. Chanute. *Journal Western Society of Engineers*, 1897. Renseignements dans *Cassier's magazine*, juin 1901.

Fig. 10. — Herring et Avery. — *Gliding experiments.*

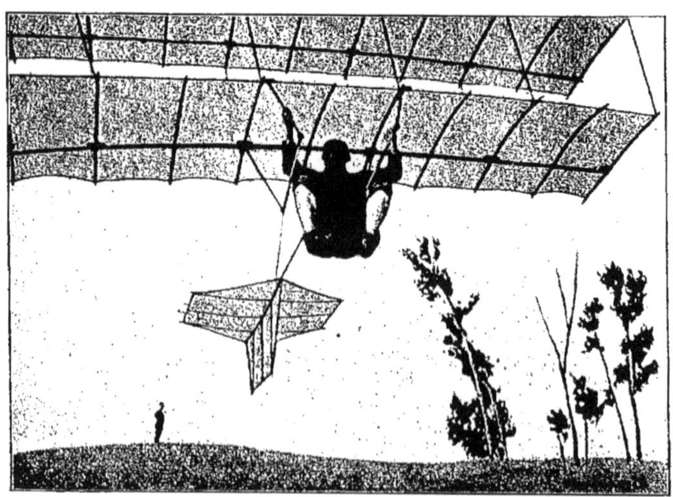

Fig. 11. — Herring et Avery. — *Gliding experiments.*

Fig. 12. — Herring.

Fig. 13. — Chanute.

sieurs journaux. Ce fait regrettable a certainement retardé chez nous l'éclosion d'idées pratiques d'aviation et
la formation d'un groupe d'expérimentateurs.

Orville et Wilbur Wright.

En 1900, apparaissent les frères Wright, qui débutent
par l'aéroplane Chanute à deux surfaces ; mais ils osent,

Fig. 14. — Le campement à Kitty Hawk. (Assis au premier plan, M. Chanute.)

pour diminuer la résistance à l'avancement, se mettre à
plat ventre dans l'appareil, et ils inventent de placer à
l'avant un gouvernail de profondeur (¹) qui supprime la
longue queue encombrante du système précédent.

(¹) Les gouvernails d'avant sont brutaux, mais, dans l'air si peu résistant,
cela devient une qualité. Les oiseaux se servent de leur tête comme gou-

Ils trouvent le terrain de départ, si important pour la réussite des expériences, en le demandant au Service géographique qui leur indique les dunes de Kitty Hawk dans la Caroline du Nord, près de la baie de la Cheasapeeke. C'est un terrain idéal, sans arbres, arbustes ou touffes d'herbes, recevant chaque jour la brise régulière de l'Atlantique (fig. 14).

Ne pouvant plus courir avec l'appareil sur le dos comme le faisaient leurs prédécesseurs, puisqu'ils sont couchés dedans, ils sont obligés de se servir de deux aides qui portent l'appareil par chaque extrémité. Ces deux aides courent contre le vent et lâchent la machine lorsqu'ils sentent que le vent commence à la soulever.

Quand le vent souffle avec une vitesse de 8 à 10 m par seconde, les aides n'ont même pas besoin de courir : l'aéroplane s'enlève, recule légèrement, puis, sur un mouvement de gouvernail, s'oriente parallèlement à la pente et se détermine à partir en avant (fig. 15 et 16). Au bas de la dune, le gouvernail relève l'aéroplane qui remonte un peu, détruit ainsi sa vitesse horizontale et se pose sur le sol en glissant sur ses patins. Les oiseaux ne font pas autrement.

Les progrès des frères Wright sont continus : en 1900, avec 15 m² de surface, ils ne font que quelques glissades ; mais en 1901, avec 27 m², ils en font plusieurs centaines atteignant 50 m ; en 1902, avec 28 m², ils franchissent quelquefois 300 m (^{1}). En 1900 et 1901, ils n'avaient pas de gouvernail vertical ; ils changeaient de direction en dégauchissant le gouvernail horizontal. En 1902, pour pouvoir faire des mouvements plus importants, ils ajoutent à l'arrière un gouvernail vertical de direction et ils commencent à décrire des quarts de cercle (fig. 17).

---

vernail d'avant pour tous les changements imprévus, leur queue n'intervenant que pour les changements à grande amplitude. (Mouillard, *L'Empire de l'air*, p. 35. — Marey, *Le Vol des oiseaux*, p. 29.)

(1) Lettre de M. Chanute en date du 21 octobre 1902.

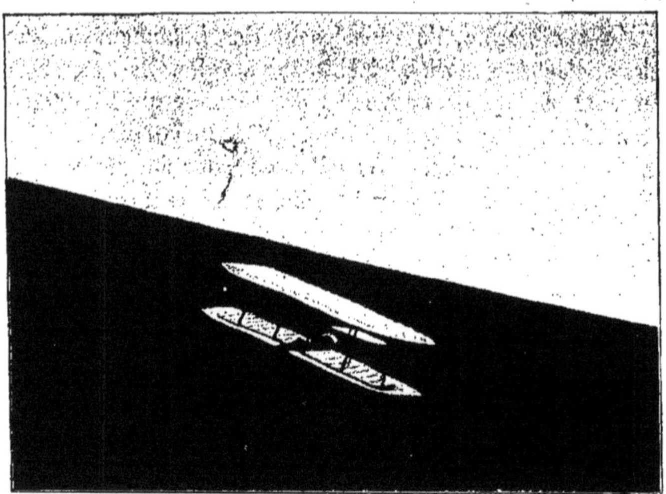

Fig. 15. — Wright en 1901.

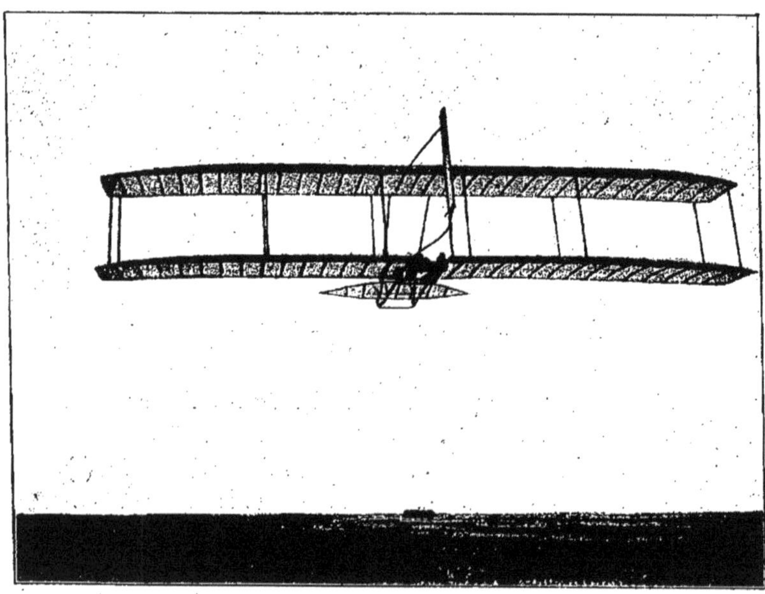

Fig. 16. — Wright en 1902.

En 1903, enfin, ils réussissent des balancements sur place, c'est-à-dire du véritable vol à voile. Ils attendent un vent violent de 10 à 12 m par seconde qui les enlève sans effort. Dès qu'ils sentent que l'ascension diminue, ils se mettent en marche vers l'avant pour acquérir de la vitesse. A la première rafale, ils se laissent enlever en reculant pour recommencer encore une glissade en avant dès que la rafale est passée et ainsi de suite. Ils sont

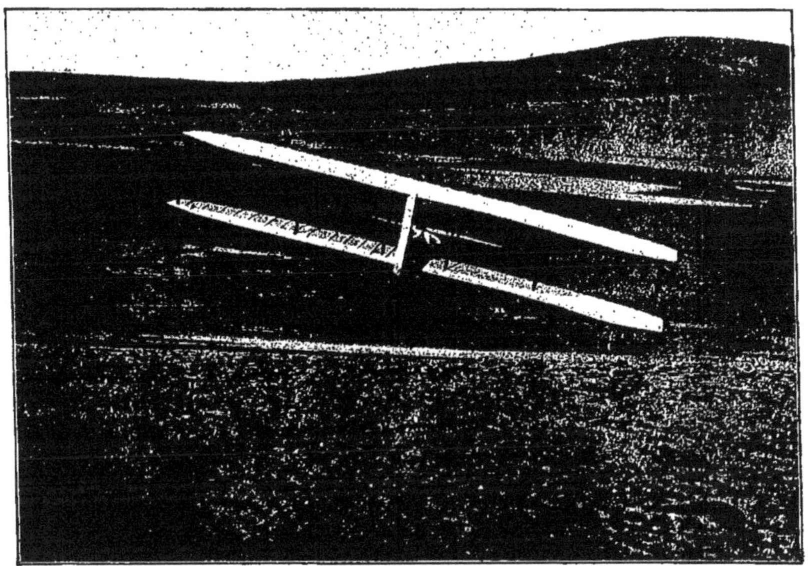

Fig. 17. — Un quart de cercle à droite.

arrivés ainsi à rester 72 secondes en l'air, sans avancer de plus de 3o m en tout ([1]).

Ce fait est la réhabilitation de cette minorité d'isolés ([2]) qui, depuis quarante ans, soutiennent contre tousque cer-

---

([1]) Lettre de M. Chanute en date du 22 novembre 1903.
([2]) Le Bris, Du Temple, De Louvrié, D'Esterno, Nadar, Claudel, Pénaud, Trouvé, Tatin, Dandrieux, Richet, Mouillard, Drzewiecki, Goupil, Bazin, etc.

tains oiseaux ne dépensent aucune force pour se maintenir en l'air (¹). Il est certain aujourd'hui que le phénomène est possible dès qu'il y a quelque part un vent ascendant. Dans nos pays de plaines où il n'existe pas de vents ascendants, nous n'avons point d'oiseaux planeurs. Dans les montagnes, il y en a toujours ; aussi de simples corbeaux et corneilles peuvent-ils voler pendant des heures sans battre (²). Dans les pays chauds, les planeurs sont nombreux ; toutefois, Mouillard (³) remarque que les grands vautours, ceux qui par paresse (⁴) ne veulent pas battre (⁵), ne se montrent pas avant 9 heures du matin : le soleil ne détermine évidemment pas encore des courants ascendants avant cette heure-là.

Il existe une certaine analogie entre le bateau à voile et l'aéroplane (⁶) : l'un et l'autre font du *plus près ;* mais le premier cherche à se rapprocher d'un plan vertical, l'autre d'un plan horizontal.

En particulier les Wright marchent à 6° près de l'horizontale ; c'est presque aussi bien que les vautours, et ces habiles expérimentateurs tiennent entre leurs mains la réalisation complète du vol à bref délai.

Déjà le 17 décembre 1903, ils ont commencé les expériences du deuxième degré (⁷) avec un appareil de 50 m²,

---

(1) Beaucoup de personnes répugnent tellement à admettre cette théorie que, même en observant un pareil oiseau, elles disent : « Ses ailes battent tellement vite qu'on ne les voit pas bouger. Il *doit y avoir* un frémissement des extrémités. »

(2) Aux rochers de Naye, j'ai vu une troupe de corneilles planer merveilleusement, et au sommet du mont Mounier (Alpes-Maritimes), j'ai assisté aux ébats d'un couple de corbeaux qui, pendant une demi-heure, n'ont pas donné un coup d'ailes.

(3) *L'Empire de l'air,* Paris, Masson, 1881, p. 191.

(4) Le vautour attend la mort de sa proie ; il n'a pas à la poursuivre.

(5) « Chill vautour se balançait sur ses ailes immobiles..... », comme l'écrit d'une façon si avisée Rudyard Kipling dans le *Livre de la Jungle.*

(6) Aussi plus tard les aviateurs useront-ils des mots nautiques : donner de la bande, bâbord, tribord, atterrir, prendre l'air, flotter, embarder, dériver, larguer, amarrer, relever un point, escadrille, ligne de file, venir tous du même bord, etc.

(7) D'après une lettre de M. O. Wright en date du 28 décembre 1903.

12 m d'envergure, pesant 338 kg et possédant un moteur de 16 chevaux qui actionne deux hélices arrière. Ils se sont lancés en plaine au moyen d'un monorail formant plan incliné. Quatre essais successifs ont été exécutés contre un vent de 10 m par seconde ; le plus long a duré 59 secondes avec une vitesse de 16 km par rapport au sol([1]). Un faux coup de barre, donné pour éviter un monticule de sable, a provoqué l'atterrissage un peu trop tôt. Le froid intense et la préoccupation bien naturelle de s'assurer leurs brevets ont déterminé les frères Wright à remettre la suite de leurs expériences à la saison suivante.

Bien que les résultats soient moins remarquables qu'on ne l'avait annoncé d'abord, la date du 17 décembre 1903 n'en marque pas moins le jour où pour la première fois une machine volante *montée a réellement volé* et l'honneur de cette expérience mémorable revient au nom de Wright.

L'Aéro-Club.

M. Chanute ayant fait, en 1903, un voyage en Europe, visita successivement les centres aéronautiques de Berlin, Vienne, Nice, Paris et Londres. Il fut particulièrement bien accueilli à Paris par l'Aéro-Club, ce qui le dédommagea un peu du long silence dont son œuvre avait été entourée en France. Sa conférence du 2 avril fut une révélation et un triomphe. M. E. Archdeacon, depuis longtemps acquis au parti de l'aviation, fonda un prix de 3 000 fr. ; une commission d'aviation fut nommée qui eut pour président M. le colonel Renard. Cette commission a beaucoup travaillé, elle a cherché et trouvé plusieurs emplacements analogues à celui de Kitty Hawk pour faire du vol plané ; elle a, grâce au colonel Renard,

---

([1]) Ce qui fait un parcours *réel* d'environ 260 m et un parcours fictif d'environ un demi-mille (850 m), par rapport à une bouée flottante emportée par le courant d'air.

déterminé des règles judicieuses pour comparer les parcours de plusieurs aéroplanes et décerner des prix. Enfin plusieurs de ses membres font construire des appareils du type Chanute, de sorte que les années suivantes ne se passeront vraisemblablement pas sans amener en aviation un progrès considérable.

A ce point de vue, M. le colonel Renard a présenté à l'Académie des sciences une note sur l'aviation et, chose infiniment importante, c'est la première fois qu'un mathématicien de sa valeur et de sa compétence affirme que d'ores et déjà l'homme peut voler. Il suffirait en effet, d'après lui, d'avoir un moteur de $7^{kg},72$ par cheval[1] pour faire voler indéfiniment un aéroplane de la qualité du type Chanute; or, ce moteur se trouve aujourd'hui dans le commerce et le succès de la tentative des frères Wright semble montrer que la solution est proche.

Essais personnels de l'auteur.

Les quotidiens français ayant traité de parachute l'aéroplane de Lilienthal[2], nous n'avons été initié qu'en 1898 par la lecture d'un vieux numéro de l'*Illustrirte Zeitung*. Nous arrivâmes alors à la conviction que Lilienthal avait découvert sinon le vol parfait de l'homme, du moins la méthode pour apprendre à voler. Le jour où, en 1891, Lilienthal a parcouru dans l'air ses quinze premiers

---

(1) Voir la *Note sur le poids des moteurs d'aéroplane*, par le colonel Renard, dans l'*Aérophile* de septembre 1903, p. 205. Il faudrait, pour faire voler un *hélicoptère*, avoir un moteur de $2^{kg},5$ par cheval. Ce système d'aéronef ne peut donc pas être réalisé actuellement (1904). Voir *Comptes rendus de l'Académie des sciences*, 23 novembre 1903, p. 843.

(2) Les journaux spéciaux : *Revue de l'aéronautique, l'Aérophile, l'Aéronaute*, etc., avaient bien donné d'excellents détails, mais malheureusement ils n'étaient pas assez lus.

Il faut lire aussi, pour se documenter sur Lilienthal, le livre du major Moedebeck, de l'artillerie allemande : *Taschenbuch für Flugtechniker und Luftschiffer*, Berlin, W. H. Kühl, 1904.

Lilienthal lui-même a beaucoup écrit, de 1891 à 1896, dans la *Zeitschrift für Luftschifffahrt*.

mètres, a été considéré par nous comme celui à partir
duquel les hommes pouvaient voler. Ils l'ignoraient au-
paravant, voilà tout. Cette manière d'envisager la question
nous a débarrassé des jalouses préoccupations des inventeurs en général et nous devînmes aviateur, faisant du
Lilienthal comme d'autres sont chauffeurs qui font du

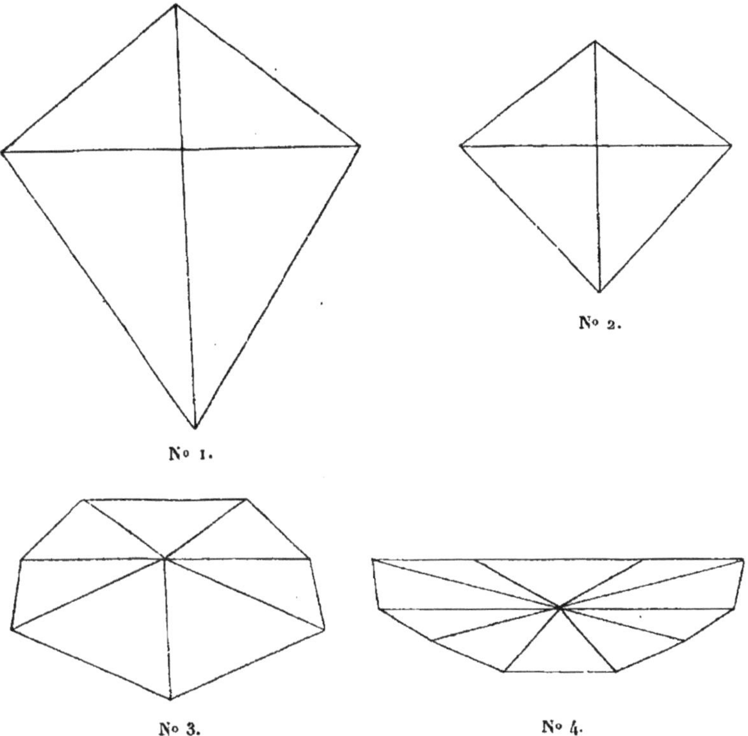

Fig. 18. — Aéroplanes 1, 2, 3 et 4.

Panhard, attentifs aux progrès possibles d'une autre
marque.

Toutefois, au début, nous étions dans la situation du
sauvage qui recevrait une bicyclette sans savoir comment
on s'en sert. De plus, nous commettions une faute dans

la confection de l'appareil. Préoccupé de la surface totale que nous savions devoir être de 15 m², nous la répartissions plus en longueur qu'en envergure, pour faire plus solide (fig. 18, n° 1) ; c'était le contraire qu'il fallait faire (¹).

Le n° 1 pesait 30 kg pour 8 m d'envergure et 25 m² de surface. Il se brisa sur le sol à la première expérience.

Fig. 19. — Instabilité de l'aéroplane n° 2.

Le n° 2 pesait 20 kg pour 6 m d'envergure et 15 m² de surface. Il fut souvent expérimenté à Fontainebleau comme cerf-volant, car un bon aéroplane doit être

---

(1) L'expérience prouve qu'un rectangle marchant par le grand côté porte plus qu'un carré de même surface, probablement parce que le rectangle attaque plus de filets fluides à la fois. (Voir à ce sujet l'étude déjà citée de M. Soreau dans les *Mémoires et compte rendu de la Société des ingénieurs civils,* octobre 1902 [Aérodynamique], p. 571.)

Fig. 20. — L'aéroplane n° 4, le 7 décembre 1901.

d'abord un bon cerf-volant. Sa stabilité laissait beaucoup à désirer (fig. 19).

Le n° 3 pesait 30 kg pour 7 m d'envergure et 15 m² de surface ; il avait les bords des ailes légèrement relevés pour augmenter la stabilité. Essayé à Saint-Étienne-de-Tinée, il n'a jamais pu nous porter.

Fig. 21. — Aéroplane n° 4. — Période d'atterrissage.

Le n° 4 pesait 30 kg pour 8 m d'envergure et 15 m² de surface. Essayé pour la première fois à Nice, en 1901, du haut d'un échafaudage de 5 m, l'appareil franchit 15 m en longueur et atterrit doucement au bout de deux secondes (fig. 20 et 21).

Ce temps était le double de celui d'une chute libre et

montrait que la pesanteur avait dépensé sur le système un cheval pour 3o kg ([1]). Donc inversement on pourrait être amené à penser qu'une dépense de 3 chevaux 1/3 eût permis de ramener le système à son point de départ. De plus, ce temps introduit dans l'équation des parachutes ([2]) donne pour le coefficient de la résistance de l'air, en supposant qu'on puisse négliger le mouvement horizontal, un nombre sextuple de celui admis par les plus optimistes. Cela tient probablement aux mérites des surfaces courbes.

Des résultats semblables furent obtenus dans les expériences ultérieures ; mais la stabilité laissait beaucoup à désirer.

Sur ces entrefaites, nous entrâmes en relation avec M. Chanute ([3]), qui tint à nous convertir à ses deux surfaces. Après une longue hésitation, due surtout au manque d'esthétique du système, nous nous sommes rangé à son avis pour deux raisons :

1° Le même poids d'ossature permet d'établir deux fois plus de voilure ;

2° Le mode de construction par réseaux triangulaires donne à cette ossature la solidité d'un bloc plein ([4]).

([1]) Ce chiffre est aussi celui trouvé par Maxim et Langley. Avec les appareils Chanute, il suffit d'un cheval pour 5o kg et Wright est allé jusqu'à 75 kg. Cette progression est d'un très bon augure.

([2]) Cette équation est la suivante :

$$\frac{d^2 y}{dt^2} = g - g \frac{k\,S}{P}\left(\frac{dy}{dt}\right)^2.$$

Elle s'intègre par

$$y = t\sqrt{\frac{P}{k\,S}} + \frac{P}{gk\,S}\, L\left(\frac{1 + e^{-2\,gt\,\sqrt{\frac{k\,S}{P}}}}{2}\right).$$

En y faisant $y = 5$ m, $t = 2$ s, $P = 100$ kg, $S = 15$ m², $g = 9,8o8$, on trouve $k = 0,67$ au lieu de $0,085$ que donnent les expériences ordinaires.

([3]) Comme exemple des correspondances qu'une recherche quelconque entraîne : le nom de M. Chanute nous fut révélé en 1901 dans un article non signé de la *Revue rose* ; M. Ch. Richet nous fit connaître que l'article était extrait d'une conférence du professeur G. Bryan, de l'Université de Bangor. Ce dernier très obligeamment nous donna l'adresse de M. Chanute, qui nous indiqua les frères Wright : durée totale, deux mois.

([4]) A la grande surprise de ceux qui ne sont pas initiés.

Fig. 22. — Aéroplane nᵒ 5. — Le lancer à Bcuil.

Fig. 23. — Aéroplane nᵒ 5.

Le calcul en est connu, c'est celui de l'établissement d'un pont.

Notre aéroplane n° 5 du type Chanute et Wright (poids 5o kg, 9ᵐ,5o d'envergure, 1ᵐ,8o de longueur, 1ᵐ,8o de hauteur, 33 m² de surface) fut essayé à Beuil en 1902 (fig. 22 et 23).

Au premier essai, il parcourt 25 m ; au second, 5o m sans aucun autre inconvénient qu'une dérive latérale assez prononcée. L'atterrissage aussi était très dur : cela provenait du manque de puissance du gouvernail avant. Ces défauts furent évités en 1903 dans un appareil un peu plus petit, muni latéralement de deux gouvernails de direction qui formaient quille (fig. 24 et 25). Ce dernier fut essayé sur la plage du Conquet (Finistère), qui nous avait été indiquée à la suite d'un appel que le Président du Touring-Club de France voulut bien faire dans la *Revue du Touring-Club* au sujet de la recherche d'un aérodrome. Ce terrain, moins favorable que celui de Kitty Hawk, est bon par les vents d'ouest, qui dégénèrent malheureusement assez vite en mauvais temps. Nous fûmes d'ailleurs favorisé d'une longue série de calmes assez désespérants. Quoi qu'il en soit, déjà à la suite de nos expériences de Beuil en 1902, nous avions suffisamment l'équilibre dans les mains pour penser à passer immédiatement à l'installation d'un moteur.

L'aéroplane, lesté et placé dans un courant d'air comme un cerf-volant, exerçait horizontalement sur la corde une traction de 20 kg, d'où cette conclusion qu'une traction d'hélice de cette force le maintiendrait indéfiniment en l'air.

Nous achetâmes le moteur le plus léger de cette époque, un moteur Buchet de 39 kg faisant 6 chevaux, qui fut établi dans un châssis portant, outre les accessoires (carburateur, réservoir, bobine, accu, etc.), un arbre faisant tourner en sens inverse, par le moyen d'une sorte de différentiel, deux hélices de même pas inverse. La compli-

Fig. 24. — Aéroplane nº 5.

Fig. 25. — Au Conquet (Finistère), le 3 septembre 1903.

cation de deux hélices est obligée par ce fait que l'hélice introduit une réaction oblique capable de faire donner de la bande à l'aéroplane (fig. 26 et 27) [1].

Cette machine, terminée en mai 1903, pèse 90 kg en ordre de marche. Nous la plaçons à l'avant de l'aéroplane pour des raisons d'équilibre (2) et l'aviateur lui fait contrepoids en arrière. Le moteur étant de 6 chevaux

---

(1) La même complication existe dans la torpille Whitehead pour la même raison. D'ailleurs, le problème « du plus lourd que l'air » a de grandes analogies avec celui du sous-marin.

(2) Quand on ajoute un moteur, on complique l'équilibre longitudinal (fig. a). En effet, en appelant I le moment d'inertie, le mouvement autour du centre de gravité est défini par l'équation

$$I \frac{d^2\alpha}{dt^2} = a\,KSV^2 \sin\alpha - F\,e.$$

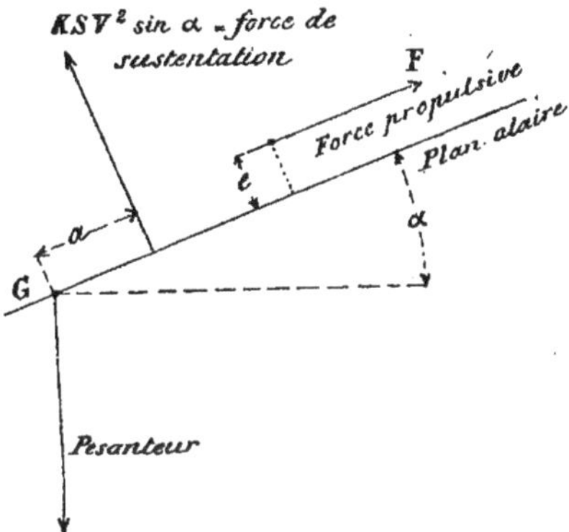

Fig. a.

Si l'on peut annuler e, tout va bien, parce qu'on a une équation pendulaire et qu'on arrivera à de petites oscillations autour d'une position moyenne. Si $e \gtreqless o$, et il paraît difficile que e soit toujours nul, la première intégration introduira un terme en α et la seconde des termes proportionnels au temps. L'inclinaison des ailes croîtra ainsi au delà de toute limite et l'aviateur devra manœuvrer continuellement au gouvernail, ou avoir un gouvernail automatique.

Dans le cas pendulaire, la durée des oscillations est proportionnelle à $\sqrt{I}$. On a donc intérêt, pour qu'il y en ait le moins possible, à augmenter I, c'est-à-dire à écarter du centre de gravité les poids importants du moteur et de l'aviateur.

Fig. 26. — Aéroplane n° 6 à moteur, essayé à l'Aérodrome le 6 juin 1903.

Fig. 27. — Moteur et hélices de l'aéroplane n° 6. (Inconvénient d'opérer
dans les agglomérations.)

pourrait, à raison de 50 kg par cheval, suffire à un aéroplane de 300 kg qui demanderait alors, pour rester dans la proportion de voilure des grands oiseaux (1), 50 m² de surface.

Nous avions réparti ce total en deux surfaces égales de 10 m d'envergure et 2ᵐ,50 de longueur, espacées de 2ᵐ,50 aussi.

La première ossature construite n'étant arrivée qu'à 65 kg, il en résulte que le poids total de notre aéroplane n° 6 est de 230 kg, y compris 75 kg d'aviateur.

L'Aérodrome.

Bien que ce poids constitue un record de légèreté pour un aéroplane monté à moteur, il est cependant trop considérable pour permettre un départ dans les mêmes conditions que le type précédent. Il faut imaginer un moyen de départ. Tous les aviateurs se sont heurtés à cette difficulté. Lilienthal avait fait construire une colline artificielle conique de 15 m de haut, Pilcher partait en cerf-volant, M. Langley se sert d'une catapulte, M. Eiffel va établir un fil d'acier de 500 m de long entre le premier étage de sa tour et un pylône de 20 m de haut, M. Goupil (2) a préconisé en 1893 un cirque, M. Bazin a breveté en 1900 un manège aéronautique, analogue aux *chevaux de bois* de nos foires, où les chevaux sont remplacés par des oiseaux montant ou descendant à volonté ; enfin, si l'on ne veut rien construire, il faut se résigner à attendre que le vent souffle avec la vitesse nécessaire au soulèvement de l'appareil.

---

(1) Chez les grands oiseaux, le rapport de la surface au poids est de 6. Plus un oiseau est lourd, moins il a de surface relative. Ce fait, connu depuis trente ans, a toujours entretenu l'espérance des aviateurs. Il résulte de ce que les surfaces croissent plus vite que les périmètres. Voir l'article précité de M. Soreau, p. 562, *L'Empire de l'air*, de Mouillard, p. 69 et 208, et le *Vol des oiseaux*, par M. Marey, p. 80.

(2) Dans *Aviation, étude, expérimentation*, chez Arrault, à Tours, 1893, M. Goupil préconise la construction d'un rail circulaire de 300 m de rayon porté à 20 m de haut par des pylônes.

Fig. 28. — L'Aerodrome.

En résumé, il y a trois moyens principaux : se jeter d'un point élevé (Pilcher, Langley); faire usage d'un plan incliné (Lilienthal, Maxim, Eiffel); employer un manège (Goupil, Bazin).

La nécessité de partir exactement le nez au vent, sous peine d'être immédiatement déséquilibré, oblige le plan

Fig. 29. — Échafaudage qui a servi à construire l'aérodrome.
On juge du travail considérable qui a dû être fait, d'autant plus que cette charpente a été enlevée une fois par un cyclone en mai 1902.

incliné à être exactement orienté suivant le vent — et le transforme en un cône de révolution.

Le manège introduit la force centrifuge, mais permet de suivre l'aéroplane dans un mouvement continu. C'est pour cette raison que nous nous sommes rangé à cette dernière solution et que nous avons fait construire une colonne de 18 m de haut supportant un fléau de 30 m, mobile en son milieu autour de ce gigantesque pivot.

Fig. 30. — Expérience de déclanchement de l'appareil de Wright lesté pour trouver la position du centre de pression.

On conçoit qu'une machine volante suspendue à l'un des bras du fléau, équilibrée à l'autre bras par un contrepoids mobile auquel elle est reliée par le même câble, puisse être considérée comme en liberté dans l'espace (¹) et, malgré cela, puisse être étudiée sans danger par son propriétaire, comme on essaye un cheval difficile au manège (²).

Fig. 31. — Embarquement.

L'aérodrome était terminé le 1er janvier 1903, mais le moteur avec ses hélices n'a été prêt que le 6 juin. Le pas des hélices n'étant pas satisfaisant, elles n'ont pas

---

(1) En réalité, un espace limité par un demi-tore.
(2) Ce manège s'appellera logiquement aérodrome dans le sens des mots *hippodrome, vélodrome, autodrome.* Jusqu'à présent, M. Langley avait

Fig. 32. — Aéroplane n° 6.

donné une traction de plus de 15 à 20 kg, de sorte que le système a été remorqué à une vitesse insuffisante pour obtenir la sustentation. Nous aurions donc dû travailler à déterminer une hélice meilleure ; malheureusement, les manœuvres alpines d'abord, l'instruction des recrues ensuite, nous ont absorbé au point qu'il ne nous a pas encore été possible de nous occuper de cette question. Ce sera l'affaire de la prochaine saison.

Construction et usage des appareils Chanute (¹) et Wright.

Le but de cette note étant non seulement de montrer les progrès de l'aviation, mais aussi d'augmenter, s'il est possible, en France (²), le nombre des disciples de Lilienthal, nous ajouterons quelques conseils au sujet des appareils Chanute et Wright. L'*Aérophile* d'août 1903 contient les plans de l'appareil modèle 1902 ; il n'y a donc qu'à inventer les liaisons (³).

Après avoir essayé des boulons, des colliers en fer et en cuir, nous n'employons plus que le simple filin goudronné qui happe énergiquement sur le bois, mais qui a le désavantage de rendre l'appareil indémontable rapidement.

---

appelé aérodrome la machine volante elle-même et, en France, on avait donné ce nom aux hangars à ballon, bien qu'il ne leur fût pas permis d'y courir.

(1) M. Chanute et M. Hargrave pensent que l'aviation ne sera pas l'invention d'un seul homme et que l'inventeur ne fera pas fortune, aussi ne brevètent-ils rien et livrent-ils tous leurs plans afin qu'ils soient à tous. Ce noble désintéressement est assez rare pour qu'il leur soit rendu publiquement justice.

(2) Il est assez curieux que la noble pléiade des aviateurs français déjà cités ne se soit pas renouvelée précisément dans cette période décennale où, le matériel léger, le moteur, le bambou, le fil d'acier, l'étoffe se trouvant dans le commerce, l'invention peut se réaliser. Nous n'avons encore su intéresser que deux jeunes gens : M. Bertin à Salon et M. Robart à Amiens.

(3) Un appareil de Wright revient à 500 fr, 700 fr ou 1 000 fr, suivant le fini du travail. L'appareil à moteur coûte le prix d'une voiturette. On voit que le « plus lourd que l'air » est une solution réellement populaire de la navigation aérienne. (L'enveloppe d'un Lebaudy coûte 45 000 fr ! Le gonflement du ballon Zeppelin a coûté 12 000 fr !) Les moyens de départ seuls seront chers, mais c'est l'État qui devra s'en charger comme il se charge des ports.

Quant à l'ossature, nous la faisons en bambou, bois précieux par sa légèreté et sa résistance extraordinaire. Chanute utilise du bois d'un sapin spécial, auquel il donne avec des machines-outils la forme de moindre résistance.

Comme haubans, nous avons renoncé à la corde de piano trop cassante et nous employons du câble en fil d'acier, qui frotte malheureusement un peu trop sur l'air. Chanute utilise du fil d'acier argenté. Nous avons employé d'abord le tendeur de clôture en fil de fer, puis le tendeur Santos-Dumont qui, n'ayant pas de dents à rochets, est plus solide ; enfin, en laissant courir le fil tout le long de l'appareil, nous n'avons plus besoin que de huit tendeurs. Wright n'en emploie plus du tout et amarre ses haubans avec deux crochets rapprochés par une ligature.

Quant au siège, Wright se tient au moyen de passants sous les aisselles. Cela lui permet la station verticale au départ. Il court ainsi avec ses aides pour les soulager et, quand l'aéroplane commence à flotter, d'un rétablissement il se place horizontalement en mettant ses pieds sur une traverse. Nous employons de notre côté un filet fixe pour les genoux et un filet mobile horizontalement pour la poitrine : de cette manière on avance et on recule facilement dans l'appareil, mais on fatigue davantage les aides (¹).

Le terrain d'expérience est d'une importance capitale : il faut d'abord une bonne pente de 25 à 30 p. 100, ensuite une forte brise (²) et surtout qu'elle souffle exactement dans le sens de la pente. Sans vent, on retombe lourdement à terre et, quand il vient même très peu par le travers, on part avec de la bande pour commencer une

---

(¹) Nous nous tenons à la disposition de tout camarade et même de toute personne qui voudrait avoir plus de détails sur la manière de se servir de l'aérodrome.

(²) Assez forte pour qu'on soit obligé d'assujettir son chapeau solidement·

volte (¹) prématurée. En dernier lieu, il est imprudent de partir au-dessus d'un sol dur encombré d'arbres ou d'arbustes.

Pour chaque appareil, il y a une position moyenne de l'aviateur et nous ne voyons pas d'autre moyen de la trouver que de risquer deux chutes : la première en arrière (fig. 33), lorsqu'on ne s'est pas placé assez en avant; la seconde en avant, lorsqu'on ne s'est pas placé assez en arrière. Mais après ces deux chutes, le tir est réglé, pour employer notre langage professionnel.

La première fois, il faut, avant le départ, se suggestionner d'exécuter immédiatement le mouvement de gouvernail pour atterrir, car on n'a ni le temps de voir ni celui de raisonner. Plus tard, le sang-froid vient peu à peu et l'on apprend à avoir la main douce comme à bicyclette, en automobile ou à cheval. Cependant, on retrouve difficilement le sentiment de l'horizontale et nous avons été obligé d'installer un niveau sphérique à bulle d'air pour savoir où nous étions (²).

Quand le trajet dépasse 15 m, on commence à avoir l'esprit libre et la sensation de plaisir devient intense ; c'est une impression de montagne russe sur laquelle on voguerait lentement et très élastiquement. Le vent bourdonne aux oreilles et c'est la terre qui fuit au-dessous de

---

(1) Les Wright n'ont pas encore pu faire la volte complète. C'est probablement le dernier progrès qu'on réalisera. Il y a en effet dans la volte un moment où l'on marche avec le vent. Ce moment est critique : pour flotter, il faudra toujours avoir par rapport aux molécules d'air la vitesse de 10 m par seconde, et cette vitesse, par rapport au sol, sera augmentée de celle du vent. Si donc l'aéroplane flotte mal, baisse et touche le sol, il sera roulé. En un mot, il est impossible d'atterrir avec le vent ; les oiseaux ne le peuvent pas non plus : pour se poser, ils se retournent toujours bec au vent. (Mouillard, *L'Empire de l'air*, p. 83. — Marey, *Le Vol des oiseaux*, p. 29 et 31.)

La première règle de route que la préfecture de police édictera dans un avenir plus ou moins éloigné sera : « De deux aéroplanes qui se croisent, celui qui est sous le vent cède la place à celui qui est au vent » car le premier est libre d'atterrir, le second ne l'est pas.

(2) Le niveau jouera en aviation, auprès du timonier, le rôle que joue en marine la boussole. Il est certain qu'en navigation sous-marine le pendule doit jouer un rôle analogue.

Fig. 33. — La recherche de la bonne position. — 1er essai. — On se place
trop en arrière et on tombe sur le dos.

Fig. 34. — 2e essai. — On se place trop en avant et on tombe sur le nez.
Après quoi on prend la moyenne.

vous. L'atterrissage est très doux ou très dur, suivant l'à-propos du coup de gouvernail.

Langley.

M. le professeur Langley n'appartient pas à l'école de Lilienthal ; il établit tout de suite l'aéroplane complet [1]. Ses remarquables expériences sur la résistance de l'air ont logiquement précédé la construction des appareils, dont un modèle a parcouru, en 1896, trois quarts de mille (1 200 m) au-dessus du Potomac [2].

En 1903 seulement, il a achevé un aéroplane capable de porter un homme (fig. 35). Cet appareil est placé sur

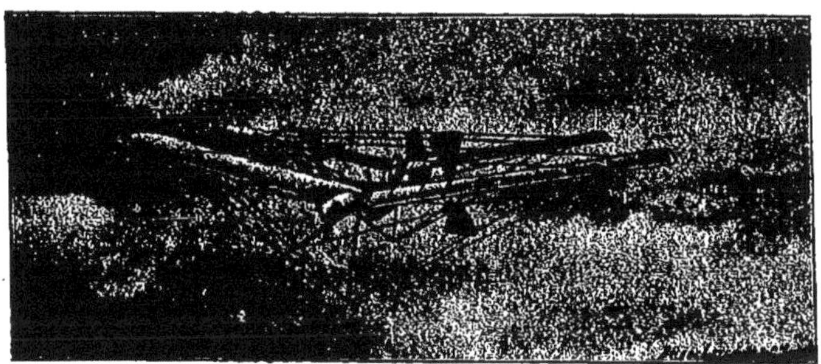

Fig. 35. — L'aéroplane Langley.

un échafaudage (fig. 37) porté par un bateau. De puissants ressorts le projettent en l'air à la manière d'une catapulte. Le 7 octobre dernier, le professeur Manley étant à bord, la machinerie fut mise en marche, l'aéroplane fut lancé et plongea dans le Potomac à 30 m

[1] Comme Maxim et Ader. Voir la *Revue d'Artillerie* de mars 1899, t. **53**, p. 542.

[2] C'est le record des planeurs non montés. En 1896, MM. Tatin et Richet ont bien lancé à Carqueiranne (près de Toulon), un petit modèle très remarquable à vapeur ; mais il n'a fait que 200 m environ. Aucune intelligence n'étant à bord pour parer à l'imprévu, les modèles doivent fatalement chavirer plus ou moins loin.

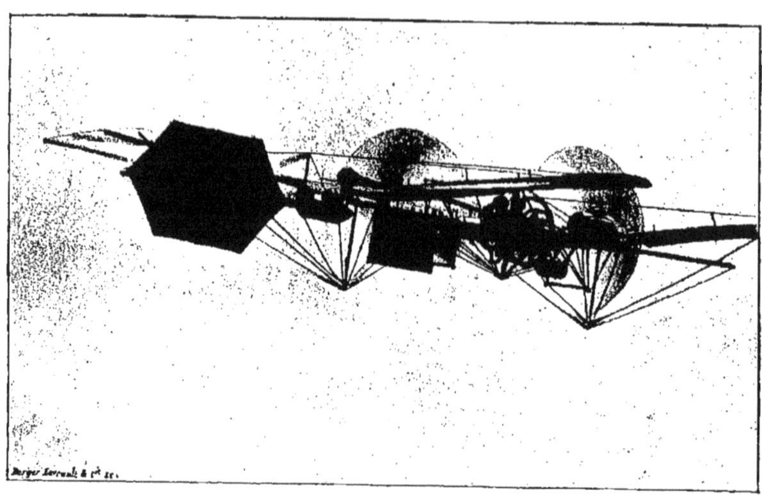

Fig. 36. — Planement d'un modèle réduit au quart de l'appareil Langley définitif. — Août 1903.

Fig. 37. — Moyen de départ imaginé par le professeur Langley.

Fig. 38. — Aéroplane Langley, le 7 octobre 1903. — Le professeur Manley
est à bord.

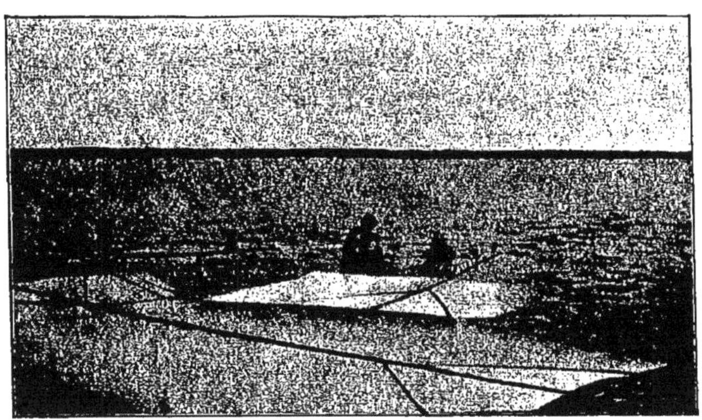

Fig. 39. — L'aéroplane Langley dans le Potomac. — Le professeur Manley
est sain et sauf.

de l'échafaudage (fig. 38) sans que l'aviateur ait souffert d'autre chose que du bain forcé (fig. 39). M. Langley affirmant toujours que ses hélices ont assez de force pour faire voler l'aéroplane, cet insuccès proviendrait, d'après le *Scientific American,* de la catapulte qui n'a pas abandonné l'aéroplane au moment voulu. Il est donc parti avec une inclinaison fâcheuse. Pourquoi n'a-t-il pas été relevé ? — Cela prouve ou bien que les gouvernails

Fig. 40. — L'aéroplane Langley dans le Potomac. — Sauvetage du professeur Manley.

ne sont pas assez puissants, ou bien que le professeur Manley n'a pas eu le temps de les faire agir, n'ayant pas pu, dans des expériences antérieures, acquérir les réflexes nécessaires à leur manœuvre. On voit donc encore par cet exemple quel fut le trait de génie de Lilienthal : la division du problème en deux — l'équilibre d'abord — la propulsion après.

Quoi qu'il en soit, cet insuccès n'en est pas un : le professeur Langley, qui travaille avec les ressources inépuisables de l'État, corrigera des détails ; le professeur Man-

Fig. 41. — Aéroplane Archdeacon. (Photographie de la *Vie au grand air*.)

ley acquerra plus d'instantanéité de manœuvre et cet aéroplane volera, comme doivent voler aujourd'hui tous les appareils montés, construits dans les proportions de surface, de poids et de force qui ont été indiquées dans le cours de ce travail.

On nous a souvent demandé pourquoi il fallait copier les Américains. Il est tout à fait inutile de les copier servilement, et il serait même fâcheux de tomber sous le coup de leurs brevets.

Fig. 42. — Aéroplane Archdeacon expérimenté le 10 avril 1904 par M. Voisin. Durée du séjour en l'air, 5 sec 1/4.
(Cliché de M. Van Blitz, photographe de l'Aéroplane-Club de Berck-sur-Mer.)

Aujourd'hui, avec les moteurs que nous possédons, toute espèce d'aéroplane doit flotter. Mais il ne faut pas oublier le principe de Lilienthal : « Savoir se mettre dans son aéroplane est tout. » Pendant trois ans, avec des types raisonnables d'appareils, nous n'avons pu réaliser un vol, parce que nous ne savions pas nous servir de nos engins. Aujourd'hui nous ne craindrions pas de prendre place dans un appareil Wright de 300 kg, parce que nous avons monté celui de 100 kg, mais nous n'oserions peut-

Fig. 43. — Autre vol exécuté par M. Voisin. Le temps et la hauteur atteinte ont été également très bons, mais la photographie montre que l'appareil a fortement dérivé au lieu de gagner du terrain en avant. (*Cliché de M. Van Blitz.*)

Fig. 44. — Ce vol, où nous occupions l'appareil, s'est terminé par une chute assez brutale, parce que nous ne nous sommes pas aperçu assez à temps que le vent nous prenait par-*dessus*. (*Cliché de M. Van Blitz.*)

être pas partir dans un appareil Tatin et Richet, qui doit cependant marcher tout aussi bien, sans avoir passé par toute la série si longue et si délicate des essais préliminaires. Or, à l'heure actuelle, il n'y a pas un instant à perdre, et c'est pour cela que nous conseillons de suivre momentanément la piste défrichée par Wright.

EXPÉRIENCES RÉCENTES

Pour compléter l'étude qui précède, nous devons signaler l'aéroplane que M. E. Archdeacon a fait tout récemment construire à Chalais-Meudon (fig. 41).

Cet appareil, qui est démontable, dérive du type Wright ; ses caractéristiques sont les suivantes :

Envergure	m	7,50
Longueur	—	1,44
Distance entre les deux surfaces	—	1,40
Surface totale	m²	22
Poids	kg	34

L'aéroplane Archdeacon possède un gouvernail horizontal à l'avant et un gouvernail vertical à l'arrière ; les deux surfaces, formées d'un bâti en frêne recouvert de soie, sont entretoisées et haubanées avec de la corde de piano.

Cet appareil a été récemment essayé sur l'aérodrome de Berck-sur-Mer (fig. 42, 43 et 44) par nous-même et par un jeune Lyonnais, notre premier élève, M. Voisin.

D'ailleurs, le mouvement créé par M. Archdeacon s'étend rapidement à Berck : un Aéroplane-Club qui s'y est formé compte déjà plus de 60 membres, dont un certain nombre de pratiquants, en particulier le président, M. Lavezzari, et un jeune interne, M. Bonnecase, qui ont déjà construit des modèles à une seule surface.

Bref, tout fait prévoir que le nombre des expérimentateurs va croître comme le *carré des temps* — et c'est ce qu'il faut : l'exemple de l'automobile est là sous nos yeux pour nous apprendre que le progrès suit le nombre des adeptes et les courses aventureuses.

Déjà M. Deutsch de la Meurthe et M. Archdeacon allouent chacun un prix de 25 000 fr à l'aéroplane monté qui aura pu décrire une boucle fermée d'un kilomètre de développement.

C'est l'appât nécessaire pour faire jaillir les idées, hâter les constructeurs, multiplier les audacieux et doter enfin l'humanité de l'empire de l'air, dont elle rêve depuis si longtemps.

TABLE DES MATIÈRES

Nancy, impr. Berger-Levrault et Cie.

Évaluation des Distances. *Reconnaissance des objectifs et du terrain*, par le général PERCIN. 1905. Brochure in-8 de 55 pages, avec une planche. **60 c.**

La Force physique. *Culture rationnelle. Méthode Attila. Méthode Sandow. Méthode Desbonnet.* La santé par les exercices musculaires mis à la portée de tous, par DESBONNET, professeur, fondateur des écoles de culture physique de Lille, Roubaix, Paris. 2e édition. 1902. Un volume in-8, avec 89 figures, broché. **5 fr.** Élégamment relié en percaline gaufrée or . . . . **6 fr.**

Le Mouvement et les Exercices physiques. *Leçons pratiques sur les systèmes osseux et musculaires*, par le Dr L. E. DUPUY, médecin de l'hôpital de Saint-Denis. Introduction par le Dr DASTRE, professeur de physiologie à la Faculté des sciences de Paris. 1893. Volume in-8 de 358 pages, avec 139 fig., br. **5 fr.**

Règlement sur l'Instruction de la Gymnastique, approuvé par le ministre de la guerre le 22 octobre 1902.
— 1re PARTIE : **Exercices.** Un volume in-8 étroit, avec 350 fig., cartonné. **1 fr.** Élégamment relié en percaline gaufrée . . . . **1 fr. 25**
— 2e PARTIE : **Annexes** (*Physiologie. Jeux en plein air. Matériel de gymnastique. Gymnases et Écoles de Natation*). Un volume in-8 étroit, avec 4 figures et 3 planches, cartonné. 1 fr. — Élégamment relié en percaline gaufrée. **1 fr. 25**

Manuel d'Exercices gymnastiques et de Jeux scolaires. Publication du ministère de l'instruction publique et des beaux-arts. 1891. Joli volume in-8, avec nombreuses vignettes, cartonné . . . . **2 fr. 50**

Gymnastique utile, par le capitaine V. AUBRY. 1902. Brochure in-8. . **75 c.**

De l'Aptitude physique et de ses modifications *sous l'influence des exercices militaires et des marches en pays de montagnes.* Étude sur le recrutement et l'examen des hommes du 12e bataillon de chasseurs à pied, par le docteur RIGAL, médecin-major. 1882. Grand in-8. . . . . **1 fr. 50**

Manuel de Ski, par le docteur W. PAULCKE, membre du jury aux concours de ski du Feldberg, de Glaris, d'Adelboden, etc. Traduit de la 3e édition allemande par F. ACHARD, ingénieur, membre des ski-clubs Berne et Zurich. 1905. Volume in-12, avec 68 figures et 4 planches hors texte, broché . . . . . . **2 fr. 50**

Glycogénie et Alimentation rationnelle au Sucre. *Étude d'hygiène alimentaire sociale et de rationnement du bétail*, par J. ALQUIER, ingénieur-agronome, chimiste-expert près les tribunaux de la Seine, et A. DROUINEAU, médecin-major de 2e classe au 2e escadron du train des équipages. 1904. Deux volumes grand in-8, 736 pages, avec 30 figures et graphiques, brochés. **12 fr.**

Valeur et Rôle alimentaires du Sucre chez l'homme et chez les animaux (*Le sucre et l'énergie musculaire chez le soldat. Le sucre et l'alimentation du cheval, etc.*), par Louis GRANDEAU, directeur de la station agronomique de l'Est. 1903. Un volume grand in-8, broché . . . . **3 fr.**

Chasse et Pêche en France, par L. BOPPE, directeur honoraire de l'École nationale forestière, membre du Conseil supérieur de l'agriculture. 2e édition. 1904. Un volume in-12 de 309 pages, avec figures et graphiques en couleurs, br. **1 fr. 50**

Voyage en France, par ARDOUIN-DUMAZET. 48 volumes (dont 41 parus) in-12 d'environ 400 pages avec cartes. — Chaque volume broché . . . . . **3 fr. 50** Relié en percaline souple, tête rouge . . . . **4 fr.**
Ouvrage couronné par l'Académie française, les Sociétés de géographie, le Touring-Club, etc. — Envoi gratuit du Catalogue détaillé de la collection.

Dictionnaire des Communes de la France et de l'Algérie. Suivi de la liste alphabétique des communes des colonies et protectorats. Nouvelle édition, entièrement mise à jour. 1903. Un volume in-8 de 726 pages, relié en percaline souple gaufrée. . . . . **6 fr.**

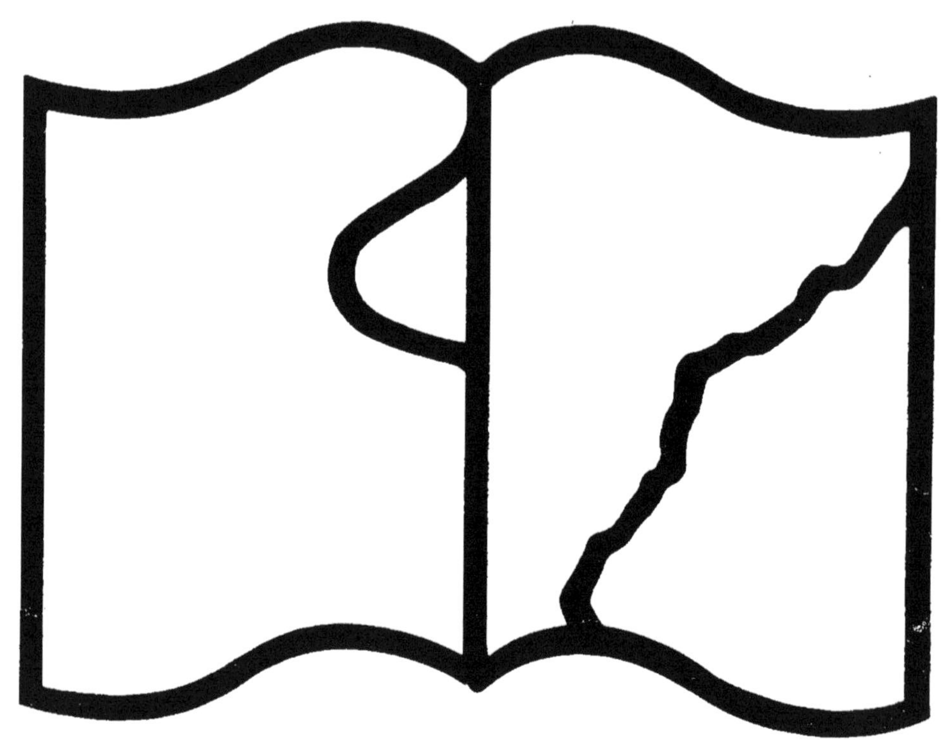

Texte détérioré — reliure défectueuse

NF Z 43-120-11

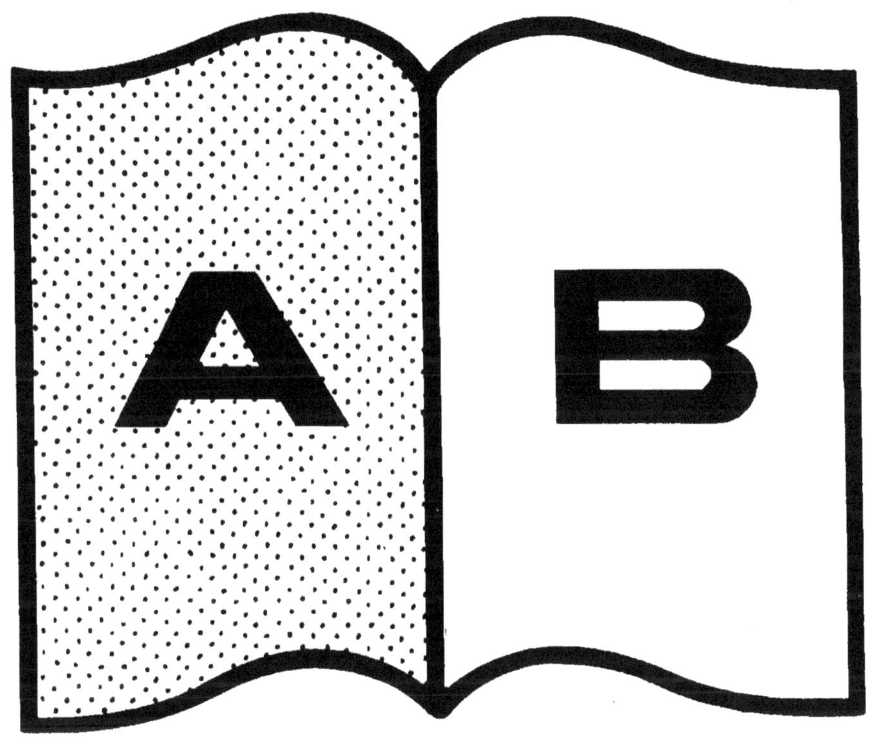

Contraste insuffisant

NF Z 43-120-14

9 782013 693530